SCHERENSCHNITTE

phantasievoll gestalten

MARIANNE
BRÜSSING

SCHERENSCHNITTE

phantasievoll gestalten

EULEN VERLAG

Dritte Auflage 1995

Überzug: Klaus Eschbach
Gesamtherstellung: F. X. Stückle, Ettenheim
ISBN 3-89102-196-8

Vorwort

Woher meine Liebe zum Scherenschnitt stammt? Meine Mutter machte die Bilderbücher für uns Kinder immer selber; sie hatte Spaß daran, aber sicher auch die Haushaltskasse im Auge. Zu dieser Zeit gab man kaum Geld für Kinderspielzeug aus. Dafür wurde die Phantasie bei Kindern und Eltern in Anspruch genommen, und viele Dinge, die wir heute achtlos wegwerfen, fanden noch sinnvolle Verwendung: Zeitungsbilder, bunte Einwickelpapiere, das leuchtend rote Papier der Kaffee-Ersatz-Verpackung, Abbildungen auf Käseschachteln oder Schokoladetafeln und anderes mehr...

So wurden bei uns auch alle Postkarten gesammelt, Schriftseite auf Schriftseite gelegt und umstochen, zu einem ziehharmonika-artigen Bilderbuch zusammengefügt und bei jedem neuen Posteingang erweitert. Die Geschichten, die meine Mutter dazu zu erzählen wußte, waren aus dem Leben gegriffen und so bunt wie die Postkarten. Und die waren wirklich bunt! Am liebsten hatte ich die Geburtstagskarten mit goldumränderten Vergißmeinnicht und Rosen, herzigen kleinen Mädchen mit großen Schleifen und rosaroten Kleidchen oder glitzernden, silberbesplitterten Weihnachtsbäumen.

Ab und zu war auch einmal ein schwarzes Umrißbildchen dabei, das mich damals aber nicht sehr interessierte.

Geändert hat sich das erst, als wir als Zehnjährige unsere Poesiealben mit großem Sammeleifer allen Verwandten und vor allem Mitschülerinnen aushändigten.

Ich hatte mir lange ein solches Album gewünscht und war überglücklich, als ich es bekam. Aber eines wußte ich sofort: Leuten, die schmierten oder die die schillernden Engelchen auf Wolken, die Blumenkörbe mit Narzissen und himmelblauen Vergißmeinnichtblüten womöglich noch schräg einklebten, denen wollte ich mein Buch nicht geben. Nur – konnte ich so

manche Schulfreundin deshalb einfach übergehen? Ich wollte ja niemanden beleidigen.
So kam es, daß ich mir von allen nur Scherenschnitte wünschte – und ich war zu der Zeit nicht die einzige, die es so machte.
Weil auch andere diesen Wunsch hatten, versuchte ich damals meine ersten „Silhouettenbilder“ und gewann immer mehr Freude daran.
Ich bin in meinem Leben den Farben nie untreu geworden; aber der klare und beruhigend wirkende Kontrast von hell und dunkel gewinnt immer mehr Anziehung für mich, besonders wenn mich die oft grellen und überladenen Farbgebungen heutzutage verwirren.
Die Vielseitigkeit des Scherenschnittes wird häufig verkannt, deshalb sollen in diesem Buch viele Beispiele gezeigt werden – Ihnen zur Freude und auch als Anregung zum Selbermachen.
Jeder kann auf diesem Gebiet etwas zuwege bringen und an einem gemütlichen Abend, vielleicht bei schöner Musik, etwas basteln, woran er seinen Spaß hat, schnell ein Ergebnis sieht und damit manchmal noch andere bedenkt und beglückt. Es ist gar kein Risiko dabei, man macht höchstens einmal zwischendurch Papier kaputt, das ein paar Pfennige gekostet hat – aber das meiste gelingt schon irgendwie, und immer besser, je mehr Übung man erwirbt.
Was Sie brauchen, ist vor allem die Freude daran – schließlich muß nicht jeder ein Künstler sein, aber wir alle können so ein kleines bißchen einer werden...

Einleitung

„... so habe ich in Mußestunden
den Gleichmut wiederum gefunden ...“
Alexander Puschkin

Puschkin meinte damit bestimmt nicht die musische Tätigkeit des Scherenschneidens – jeder Mensch erholt sich durch eine andere Freizeitgestaltung; aber wer Freude am Scherenschnitt gewonnen hat, der wird bald nacherleben, wie befriedigend die „Mußestunden“ mit Schere und Papier gestaltet werden können. Und wer ein kleines bißchen geschickt ist, bekommt immer ein Ergebnis.
Farben verleihen dem Leben Glanz, erfreuen unser Gemüt und können die Stimmung beeinflussen. Goethe hat in seiner Farbenlehre die Empfindungen beschrieben, die durch bestimmte Farben ausgelöst werden; so muß man zum Beispiel Rot entweder lieben oder hassen, gleichgültig betrachten kann man es nicht, Grün dagegen wirkt beruhigend, usw.
Wie herrlich sind ein bunter Blumenstrauß, ein farbenfrohes Kleid oder farbige Teppiche und Vorhänge in der Wohnung.
Aber das schlichte, klare Schwarz-Weiß in seinem offenen und harten Gegensatz hat auch seine Reize und spricht in besonderer Weise an.
Im Winter kommt die Natur fast völlig ohne Farben aus, aber ist sie deshalb langweilig? Haben wir nichts zu betrachten auf dem Spaziergang?
Ist es nicht herrlich, wenn die kahlen Bäume filigran gegen den hellen, eisklaren Himmel stehen?
Fast wie kleine Kunstwerke wirken Gartenzäune, die sich vor dem sauberen, weißen, schneebedeckten Boden abzeichnen, selbst der bizarre Stacheldraht verliert seine „Bosheit“, wenn er seine Borte in die Landschaft sticht, unterbrochen von knorrigen Stützen.

Ein schwarzer Rabe im Schnee, der mühsam etwas Eßbares zu entdecken sucht, eine Perlenschnur dunkler Vögel, wie Notenköpfe auf die Stromleitung gereiht, eine schwarze Katze im beschneiten Feld – sind das nicht abwechslungsreiche, reizvolle Bilder?
Aber nicht nur im Winter, auch in der warmen, der farbenfrohen Jahreszeit bieten sich uns solche Kontraste: Die Sonne malt mit Licht und Schatten eigenwillige Bilder auf Straßen, weiße Mauern, den Sandstrand oder an die Wände in der Wohnung. Oft nutzen wir in neckischen Schattenspielen die Gegensätze des Lichts und der sich ergebenden Dunkelwirkung und lassen unsere Finger so spielen, daß Häschen, Vögelchen oder andere Formen daraus werden. Es gibt Menschen, die eine große Fertigkeit in solchen Schattenspielen entwickelt haben und wirkliche Künstler auf diesem Gebiet sind.
Die Beschäftigung mit Schönem kann eine gute Therapie für unser inneres Wohlbefinden sein, und ich denke, daß viel Unheilvolles vermieden werden könnte, wenn sich die Menschen die Freude an den kleinen Dingen des Lebens erhalten würden.
Dieses Bewußtsein zu fördern und mitzupflegen, besonders auch alle Mütter, Kindergärtnerinnen und Lehrer(innen) zu ermuntern, den jungen Menschen so früh wie möglich Interessen mitzugeben, von denen sie ein Leben lang zehren können, darin sehe ich eine Aufgabe und dazu will ich mit diesem Buch einen kleinen Teil beitragen.

Die „Werke" meiner dreijährigen Enkeltochter.

Geschichte des Scherenschnitts

Die Musik, die Plastik, die Malerei, die Dichtkunst – sie alle haben eine große Geschichte, der Scherenschnitt nicht. Es gibt keinen ägyptischen Faltschnitt und auch keinen römischen!

Zwar wurde schon gerätselt, ob die dunklen, einfarbigen Abbildungen auf kretisch-minoischen Vasen vielleicht eine Anregung für spätere Scherenschnittkünstler hätten sein können, jedenfalls aber waren dies keine geschnittenen Entwürfe im Sinne unserer heutigen Scherenschnittauffassung. Allerdings erzählt eine alte Sage, daß ein korinthisches Mädchen den Schatten ihres Geliebten, der sie verlassen mußte, auf der sonnenbeschienenen Hauswand eingefangen und ihn damit verewigt habe.

Der Scherenschnitt entstand zunächst aus einem Gestaltungsbedürfnis, aus Freude am Schönen und Dekorativen. So kennt man schon im 17. Jahrhundert hübsche, sehr fein gestaltete kleine Kunstwerke, die aus weißem Papier gewonnen wurden. Wenn man bedenkt, daß zu dieser Zeit die Schneidewerkzeuge sicherlich noch nicht so differenziert und präzise waren, oft auch die Lichtverhältnisse in den kleinen, dunklen Stübchen schlecht und durch das beengte Aufeinanderleben wenig Ruhe gewährleistet war, muß man die Arbeiten eines Künstlers wie Johann David Schäffer aus Tübingen, von dem der älteste deutsche Scherenschnitt aus dem Jahre 1631 stammt, besonders schätzen.

Aufgeklebt wurden diese kleinen Kunstwerke mit Eiweiß!

Leider sind aus dieser sehr frühen Zeit nur wenige Beispiele überliefert. Das mag an der mangelnden Dauerhaftigkeit des Materials liegen – Ölgemälde oder gar Steinmetzarbeiten haben naturgemäß eine größere Beständigkeit!

Später wurde dann in den Klöstern der Scherenschnitt als Mittel der religiösen Darstellung entdeckt.

Wenn auch vieles aus den Anfängen für uns verloren ist, so bleibt doch die Entwicklung festzustellen, und je näher wir unserer Zeit rücken, desto reichhaltiger sind die Zeugnisse dieser schönen Volkskunst. Bald gibt es auch Künstler, die ihre Werke verkaufen, zum Beispiel besonders schön gestaltete Liebesbriefe an junge Burschen, die diese für ihre geliebten Mädchen erwarben. Noch heute finden wir in Franken und Hessen solche „Rundbriefe“ in Heimatmuseen und zum Teil sogar noch in Gebrauch.
Zur Ausgestaltung wurden Messer, Scheren und Nadeln benutzt, mit letzteren stach man „Lochmotive“. Das Ganze wurde dann häufig farbig ausgeschmückt und der Text meist in dafür vorgesehene Herzen geschrieben. Wäre so ein Brief nicht auch heute noch eine reizende Anregung?

Die sich so entwickelnde Volkskunst des Scherenschnittes wurde ebenso von den „gebildeten" Ständen aufgegriffen und weitete sich zu einer Freizeitgestaltung aus, die nicht nur die vornehmen Damen in den Salons, sondern auch berühmte Künstler betrieben. Namen wie Luise Duttenhofer, Lotte Jäger und nicht zuletzt Philipp Otto Runge, Moritz von Schwind, Hans Christian Andersen und Adolph von Menzel haben in der Scherenschnittszene ihren Platz.

Scherenschnitt von Philipp Otto Runge (1777 – 1810)

Charlotte von Stein (1742 – 1827), von einem unbekannten Künstler porträtiert.

Neben dem Fabulieren mit der Schere kam seit dem letzten Drittel des 18. Jahrhunderts eine ganz andersartige Ausdrucksweise auf – das Porträtieren.
Während das künstlerische „Verwerten" und Umsetzen der Natur die wahre und eigenständige Aufgabe des Scherenschnittes ist, war das Abbilden in möglichst naturgetreuer Form eigentlich der Vorläufer der Fotografie. Auf diese Weise konnte man sein Konterfei weitergeben, bzw. das von Freunden, Verwandten und geliebten Menschen bekommen. Es entstand ein richtiger Sammeleifer, und so wie wir heute unsere Fotografien einordnen, wurden derzeit die Alben mit Bildern von Freunden oder Berühmtheiten Mode.
Die Abzubildenden, deren Umrisse im Profil genau und lebensgetreu wiedergegeben werden sollten, wurden zumeist vor einer gespannten, hellen Leinwand so postiert, daß mittels einer Lichtquelle ihr Schatten deutlich auf die weiße Fläche projiziert und nachgezeichnet werden konnte. Mit Hilfe eines geometrischen Gerätes, dem „Storchenschnabel", konnte man diese Umrisse verkleinern.
Kein Geringerer als Johann Wolfgang von Goethe huldigte mit Leidenschaft dieser Darstellungsweise. Goethe soll beim Anblick einer Silhouette von Charlotte von Stein geurteilt haben – und zwar noch ehe er ihre Bekanntschaft gemacht hatte: „Es wäre ein herrliches Schauspiel, zu sehen, wie die Welt sich in dieser Seele spiegelt! Sie sieht die Welt, wie sie ist und doch durch das Medium der Liebe. So ist auch Sanftheit der allgemeine Eindruck."
Wenn dieses Zitat der Wahrheit entspricht, was nicht anzuzweifeln ist, beweist es, daß der bloße Umriß doch vieles ausdrücken und konzentriert und ohne Ablenkung das Wesentliche zeigen kann. Das sollte immer Leitgedanke beim Herstellen von Scherenschnitten sein!
In dieser Zeit entstand – und zwar zunächst abwertend – der noch heute gebräuchliche Name für die Umrißkunst: Silhouette. Der französische Bankier und Günstling der Marquise von Pompadour, Etienne de Silhouette, ist für die Bezeichnung Pate gestanden. Er hatte 1759 in seiner Eigenschaft als Finanzminister am Hof Ludwigs XV. als Sparmaßnahme die

Schattenriß Goethes auf einem Stammbuchblatt vom 15. Juni 1826

Schattenrisse gegenüber den teuren Gemälden bedeutender Persönlichkeiten empfohlen.
Allmählich löste man sich von der naturgetreuen Nachbildung, erweiterte sie durch schmückende Zutaten und gelangte zu immer individuellerer Darstellungsweise.
Während in Deutschland vorwiegend die reine Schwarz-Weiß-Kunst gepflegt wurde, gibt es in östlichen europäischen Ländern und im asiatischen Raum kunstvoll farbige Darstellungen.
Die Grenzen des Scherenschnitts liegen in seinem Wesen: Er ist eine Flächenkunst, die weitgehend vom Umriß und Kontrast lebt und daher keine breite Entwicklungsmöglichkeit mehr hat.
Vielleicht ist das ein Grund dafür, warum diese Sparte der Volkskunst in letzter Zeit verdrängt wurde.
Aber genau in dieser Bedingtheit des Scherenschnitts liegt auch sein ganz besonderer Reiz: Es ist eine Kunst des Weglassens, der Reduktion, der Besinnung auf das Wesentliche.
Denn, um noch einmal Goethe zu zitieren: „In der Beschränkung zeigt sich erst der Meister“.

Arten der Scherenschnitte

Der Scherenschnitt lebt von der polaren Spannung von Licht und Finsternis, von Hell und Dunkel, von Kontrasten, die sich abwechseln.
Entsprechend muß dieses Charakteristikum bei der Gestaltung zum Ausdruck kommen. Eine zu gleichmäßige Verteilung von Schwarz- und Weißflächen wirkt langweilig und unklar. Man sollte immer Akzente setzen, entweder betont dunkle, gröbere Elemente neben Filigranes oder eben umgekehrt, je nachdem, was wichtig genommen sein will.
Der Scherenschnitt soll – von den Personensilhouetten einmal abgesehen – nirgends ein naturgetreues Abbild sein. Im Scherenschnitt werden Erlebnisse, Eindrücke und Naturvorbilder abstrahiert und in eigenwilliger, persönlicher Sichtweise dargestellt, es darf, ja es soll die Formgebung sogar von der Wirklichkeit abweichen und ein künstlerisches Gleichnis sein, das aus der geistigen Haltung, dem inneren Erleben und dem angesammelten Formenreichtum des Darstellers kommt. Er muß sich auf Wesentliches und Charakteristisches beschränken, ist nie einfach „fotografiert“, sondern erfordert die Umsetzung durch den Menschen und ist daher durchaus als Kunstwerk anzusehen.
Von der Technik her gibt es verschiedene Scherenschnittarten, die aber alle eines gemeinsam haben: Ein Scherenschnitt muß ganz zusammenhängend sein. Das ganze „Werk“ muß aus einem Stück Papier bestehen, das so geplant und gearbeitet ist, daß sich die Formen immer wieder berühren und dadurch ein möglichst stabiler Zusammenhang entsteht. Eine fertige Arbeit läßt sich mühelos an irgendeiner Stelle hochhalten, ohne daß sie in „Unordnung“ gerät.
Man kann für eine bestimmte Themenstellung auch mehrere kleinere Teile fertigen, die aber in der Komposition zusammenpassen müssen und dann gezielt zu einem einheitlichen Bild angeordnet werden.

Dresden, Mai 1991

Der einfache Scherenschnitt

Wie dies die Bezeichnung ja deutlich ausdrückt, wird hier das Papier einfach genommen und das gesamte Motiv in seiner vollen Ausführlichkeit gezeichnet und geschnitten.
Man übersieht auf der Rückseite sogleich die ganze Bildwirkung, allerdings eben seitenverkehrt! (Das ist vor allem zu beachten bei Formen, die in der Richtung stimmen müssen, besonders auch bei Buchstaben und Zahlen!)
Beim Schneiden müssen Sie sehr sorgfältig vorgehen; das einfache Papier kann bei feinen Motiven leichter reißen, weil die Verstärkung, die beim Faltschnitt durch die zweite Papierschicht gegeben ist, hier fehlt.

EINFACHER SCHNITT

Der symmetrische Faltschnitt

Diese Technik findet vor allem in der Volkskunst die häufigste Anwendung. Der symmetrische Faltschnitt ist sehr lebendig und strahlt doch eine gewisse Ruhe aus, beides resultiert aus der Verdoppelung der gewählten Motive.
Das Papier wird so gefaltet, daß eine Achse entsteht, an der die Teile zusammengehalten werden. Wir brauchen nur die Hälfte unseres angestrebten Bildes aufzuzeichnen und zu schneiden. Nach dem Auseinanderfalten des Papieres entsteht erst der Gesamteindruck.
Während des Arbeitens kann man sich die Wirkung nicht immer genau vorstellen, aber es ist nicht ratsam, das Papier zwischendurch zu öffnen, weil es sich dadurch leicht verschieben kann. Wenn Sie aber Ihrer Vorstellungskraft nachhelfen oder eben nur ein bißchen neugierig sein möchten, können Sie sich einen Eindruck verschaffen, indem Sie an der Achse einen randlosen Spiegel anlegen, der das Bild so verdoppelt, wie es im offenen Zustand aussehen würde, nur eben nicht schwarz.
Um ein Verrutschen während des Schneidens zu vermeiden, befestigen manche den Rand mit Büroklammern. Ich rate aber davon ab, weil dadurch leicht das Papier einreißen kann. Wenn man sorgsam von der Mitte ausgeht, kann eigentlich nichts passieren.

Der Symmetrieschnitt bringt eine raschere Wirkung als der Einfachschnitt und hat außerdem den Reiz der Überraschung. Ich bin immer selber gespannt, wie das fertige Produkt nach dem Auseinanderfalten aussieht.
Manchmal habe ich ein bißchen das Gefühl, daß hierbei auch der Zufall mithilft und daß es ein bequemeres Arbeiten als beim einfachen Schnitt ist; aber ich rechtfertige mich mit dem Gedanken, daß der liebe Gott selber diesen Vorteil auch ein wenig genützt hat bei allen seinen herrlichen Blüten, Blättern und Bäumen – ja, sogar bei uns Menschen – wir sind doch ebenfalls im Faltschnitt entworfen!
Viele Elemente der Volkskunst basieren auf dem Prinzip der Symmetrie: Stoffdrucke, Seidentapetenmuster in Schlössern, Stickereien und Applikationen, bemalte Schränke, Truhen und Kommoden, Säge- und Einlegearbeiten in Holz, Butter- und Backmodel, Schnitzereien an Stuhllehnen und Wiegen, kunstgeschmiedete Schilder, Grabkreuze und Tore, Teppichmuster und vieles mehr.
Dieses schöne Gestaltungsprinzip hat seinen Reiz bis heute nie verloren, obwohl sich die Motive häufig wiederholen – aber sie sind ja immer wieder neu gruppiert und kombiniert, genau wie in der Natur auch.
Viele Motive haben einen Symbolwert, den wir heute meist nicht mehr kennen und beachten. So stehen zum Beispiel das Herz für Liebe, der Hahn für Fruchtbarkeit, der Hirsch für Schnelligkeit und Kraft, aus dem Kreis entstandene Formen für Sonne, Welt usw., aber alle diese Symbole und ihre Deutung würden ein ganzes Büchlein füllen – und wir wollen ja endlich ans Werk gehen...

Eine weitere Möglichkeit besteht darin, beide Techniken miteinander zu verbinden, dadurch lassen sich etwa Umrandungen oder andere Elemente rationalisierend doppelt schneiden und einzelne Teile der beiden Hälften getrennt ausführen.
So ein kombinierter Schnitt muß gut geplant werden, damit für die einzeln zu schneidenden Teile der benötigte Platz entsprechend ausgespart bleibt.

DER ZENTRAL-ODER
ROSETTENSCHNITT

Der zentralsymmetrische Faltschnitt (Zentralschnitt)

Während beim symmetrischen Faltschnitt das Papierformat rechteckig (hoch oder breit), natürlich auch quadratisch, rund oder oval sein kann, ist beim Zentralschnitt nur ein Format möglich, das vom Mittelpunkt aus nach allen Achsenrichtungen gleich ist, also ein Quadrat oder ein Kreis. Das Papier wird mindestens zweimal gefaltet. Öfteres Falten ist nur dann zu empfehlen, wenn es sich um sehr dünnes Papier handelt, etwa bei Zierdeckchen aus Seidenpapier oder aus Transparentpapier. Bei gewöhnlicher Schreibpapierstärke oder der des Scherenschnitt-Papiers würde das Schneiden zu mühsam, weil sich die mehrfachen Lagen des Papiers erstens zu leicht an der Achse verschieben und zweitens zu hart zum Schneiden sein können, und das tut auch der Schere nicht gerade gut.
Die Technik des Zentralschnittes ist Grundlage für hübsch gegliederte Deckchen, Sterne und ähnliches.
Anregung zur Gestaltung in Rosettenform bieten die Rundfenster an gotischen Kathedralen, alte Liebesbriefe in Rundform oder natürlich viele Blattrosetten und Blüten in der Natur (z. B. Disteln). Auch Samenkapseln, von oben her betrachtet, zeigen interessante „Konstruktionen" (z. B. Mohn).

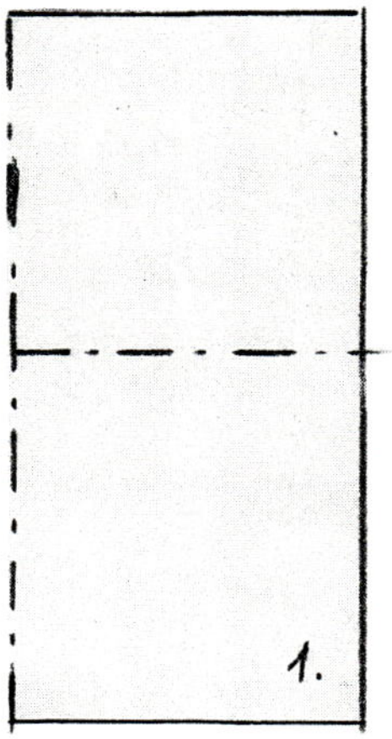

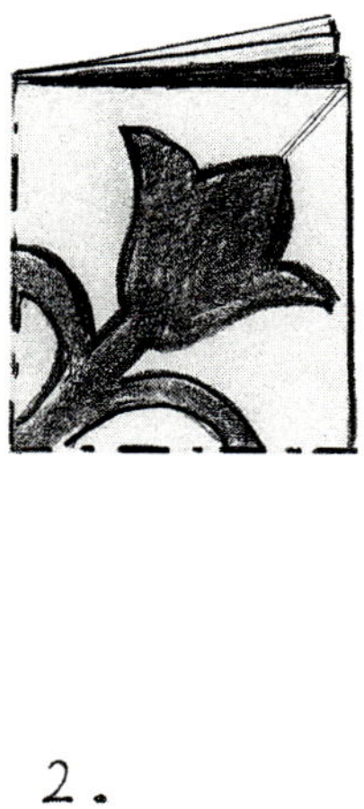

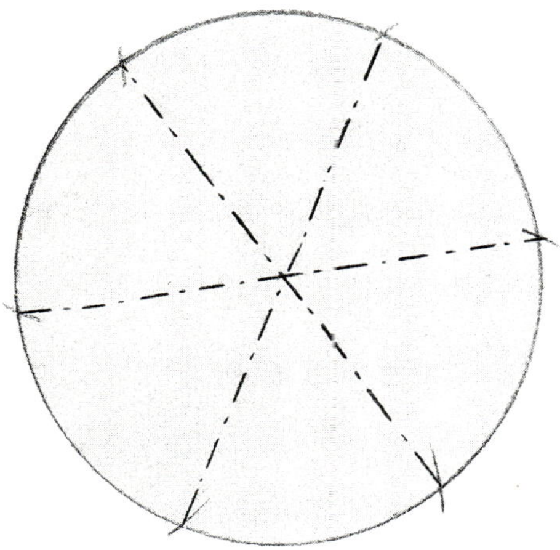

Der Leporelloschnitt

Leporello, der Diener Don Giovannis aus Mozarts gleichnamiger Oper, hat zwar keine Scherenschnitte gemacht, aber ein so großes Register von schönen Frauen für seinen Herrn angelegt, daß er diese lange Liste zusammenfalten mußte, um sie transportieren zu können. Er legte das Papier ziehharmonika-ähnlich aufeinander, so wie wir das auch machen, wenn wir ein Motiv häufig wiederholen wollen.
Hierbei gilt, wie beim Zentralschnitt, daß die Möglichkeiten und Grenzen der Papierstärke beachtet werden müssen.
Der Reiz des Leporellos liegt in der Wiederholung eines Motivs, man kann auf diese Weise verhältnismäßig rasch eine erstaunliche Wirkung erzielen.
Anwendungsgebiete sind: Laternen, Briefpapier, Fächer, Platzdeckchen, gefaltete Rosetten um Kerzen und Sträuße, Vorhängchen an Kinderzimmerfenstern, Manschetten um Topfblumen, Tischbänder und vieles mehr.

Das Handwerkszeug

Ein Zeitgenosse der schwäbischen Scherenschnittkünstlerin Luise Duttenhofer schrieb 1810 über sie:
„Satiren schneidet sie mit lobenswertem Eifer;
doch unter uns: Ihr hilft – der Scherenschleifer."

Bis heute sind das die wichtigsten Grundsteine geblieben: der freudige Eifer, viel Geduld und

- eine kleine, spitze, scharfe *Schere.* Die Scherenblätter sollen möglichst kurz sein und ganz exakt schließen. Es gibt keine spezielle Scherenschnittschere, am besten (und am teuersten!) sind die Chirurgenscheren, aber eine gute Nagelschere tut auch ihren Dienst. Ob man gerade oder gebogene Scherenblätter bevorzugt, ist Ansichtssache. Wer sich beide Arten parat legt, ist für jeden Fall gewappnet.
  Die gerade Schere hat den Vorzug, daß Zacken und gerade Strecken leichter zu schneiden sind, dagegen muß man bei Rundungen sehr kleine Schnittchen machen, um gut „um die Kurve zu kommen". Letzteres geht mit gebogenen Scherchen leichter, da besteht das umgekehrte Problem bei geraden Linien. Ich persönlich bevorzuge die gebogene Nagelschere, weil ich der Ansicht bin, daß eine Gerade nicht starr sein muß und daß eine unregelmäßige Schneidelinie eher lebendig und nicht wie mit dem Lineal gezogen aussieht.
  Die Scheren kann man immer selber ein bißchen nachschärfen, indem man die Schneideflächen an einem Kristallglas entlangzieht.
- ein *Bleistift* zum Aufzeichnen, der nicht zu weich sein darf, weil es sonst beim Ausschneiden schmiert. Am besten sind die Stärken HB oder H9000 geeignet; ein zu harter Bleistift könnte das Papier beschädigen.
- ein *Radiergummi,* der auf gummiertem Papier aber sparsam eingesetzt werden soll, weil sonst die Gummierung leidet. Wer sich beim

spontanen Aufzeichnen – besonders am Anfang – unsicher fühlt, macht am besten einen kleinen Entwurf auf Pergament – oder Seidenpapier und überträgt diesen durch Aufpausen (siehe gesondertes Kapitel) auf das Scherenschnittpapier.

- ein weißes *Geschirrtuch* oder eine große Serviette.
- *Scherenschnittpapier.* Hier gibt es verschiedene Möglichkeiten. Herkömmlicherweise macht man Scherenschnitte aus schwarzem oder weißem Papier. Natürlich können auch farbige Papiere verwendet werden, sogar kleingemustertes Papier kann einen besonderen Effekt ergeben.

  Gummierte und ungummierte Scherenschnittpapiere erhalten Sie in Bastelgeschäften und Schreibwarenläden.

  Gummierte Papiere haben den Vorzug, daß man sie nach Fertigstellung der Arbeit verhältnismäßig leicht aufkleben kann. (Siehe gesondertes Kapitel). Der Nachteil liegt darin, daß bei Leuten, die leicht an den Händen schwitzen, das Papier an den Fingern kleben kann und dadurch die Arbeit schwierig wird. Die gummierten Papiere sind auch etwas spröder, reißen bei ganz feinen Formen also leichter ein. Ungummierte Papiere erfordern dagegen mehr Geduld beim Aufkleben.

  Die Scherenschnittpapiere sind nur einseitig schwarz oder farbig, denn für das Aufzeichnen braucht man eine weiße Rückseite.

  Man kann je nach Ziel und Zweck allerlei Papiere verwenden, vom dünnen Seidenpapier über einfarbiges oder leicht gemustertes Papier bis zu kräftigeren Fotokartons (Fensterbilder, Lampions, Transparente), das ist dann eine Frage der Ausweitung und der Fantasie, oft einfach auch des eben zur Verfügung stehenden häuslichen Bestandes. Auch große Briefumschläge, aufgeschnitten und die Innenseite verwendet, sind günstiges Material für nicht allzufeine Formen (besonders geeignet für Kinder, weil das Papier in den oft noch etwas verkrampft zupackenden Händchen nicht so leicht knickt).
- Flüssiger *Papierklebstoff.* Die Pasten sind häufig etwas zu fest, vor allem, wenn man sie schon einige Zeit lang im Gebrauch hat. Da kann es beim Auftragen leicht passieren, daß feine Teile abreißen.

Beim flüssigen Papierklebstoff wird meist ein Pinsel mitgeliefert. Ich selber benütze aber lieber einen alten Wasserfarbenpinsel, er ist geschmeidiger und die Spitze feiner, so daß man exakter auftragen kann. Am billigsten ist Tapetenkleister, den man aber zur richtigen Konsistenz mischen muß. Ist er zu dick, quillt zu viel daneben, bei zu dünner Beschaffenheit wellt sich das Papier.

Entwerfen und Aufzeichnen

Am besten beginnen Sie mit einer kleineren Aufgabe, mit Servietten, Tischkarten oder Streichholzschachteln, die schon mit einfachen Scherenschnittmotiven hübsch verziert werden können.
Der Scherenschnitt will nicht naturalistisch darstellen, deshalb müssen wir nach anderen Gesichtspunkten zeichnen:

1. Feine und großflächige Formen abwechseln.
2. Die einzelnen Formen sollen sich möglichst nicht überschneiden, sonst wird es unklar. Die Anordnung soll so sein, daß die Figuren nebeneinander liegen.
3. Achten Sie auf möglichst viele Verbindungsstellen, die den Scherenschnitt stabilisieren, denn das ist beim Aufkleben sehr wichtig.

Bei den Motiven gehen Sie sinnvollerweise immer von einer Grundform aus, die Sie entweder gleich beim Aufzeichnen unterteilen oder – mit etwas Fertigkeit – während des Schneidens gestalten.
Beim Faltschnitt ist die Achse zu beachten, an der die beiden Hälften dann zusammenhängen. Sie kann durchgehend als Mittelhalt gezeichnet werden oder nur punktuell zusammenhängen.
Bei größeren Arbeiten empfiehlt es sich, die entworfene Gesamtkonzeption immer nur schrittweise auszuzeichnen, da sich beim Arbeiten die Bleistiftlinien etwas verlieren. Denken Sie aber nicht, z. B. Kugelschreiber oder Filzstift wären besser geeignet – das verschmiert beim Schneiden.
Wenn Sie mehrere gleiche Teile machen möchten, z. B. für Tischkarten, schneiden Sie sich vorher am besten eine Schablone, die Sie mit spitzem Bleistift umfahren.
Scherenschnitte, die nachher auf eine gewölbte Form aufgeklebt werden sollen (z. B. Kerzen, Eier, Dosen) faßt man nicht mit einem Rand ein, sie passen sich „offen“ besser der Rundung an.

Motive

Wir gehen von einfachen und bekannten Grundformen aus: Kreis (Sternformen), Rechteck (Kreuzformen), Oval, Herz, Glocke usw.
Viele Gegenstände lassen sich auf diese Grundformen abstrahieren, und durch Abwandeln der Grundform, Ändern der Proportionen und Größen, durch Anordnungen und andere Variationsweisen entsteht die gewünschte Vielfalt. Alle Variationen können bei jeder Form durchgespielt werden.
Wenn Sie dann mit aufmerksamem Blick die Blatt- und Blütenformen in der Natur „sammeln" und auch andere Eindrücke speichern, haben Sie eine Fülle von Ideen für jede Gelegenheit.
Das Schöne beim Scherenschnitt ist, daß die Anregungen individuell verwertet werden und *nie* falsch sind, es gibt immer ein Ergebnis!

Blüten, aus dem Kreis entwickelt

Blattformen, aus dem Herz entwickelt

Blüten, aus der Tulpen- bzw. Glockenform entwickelt

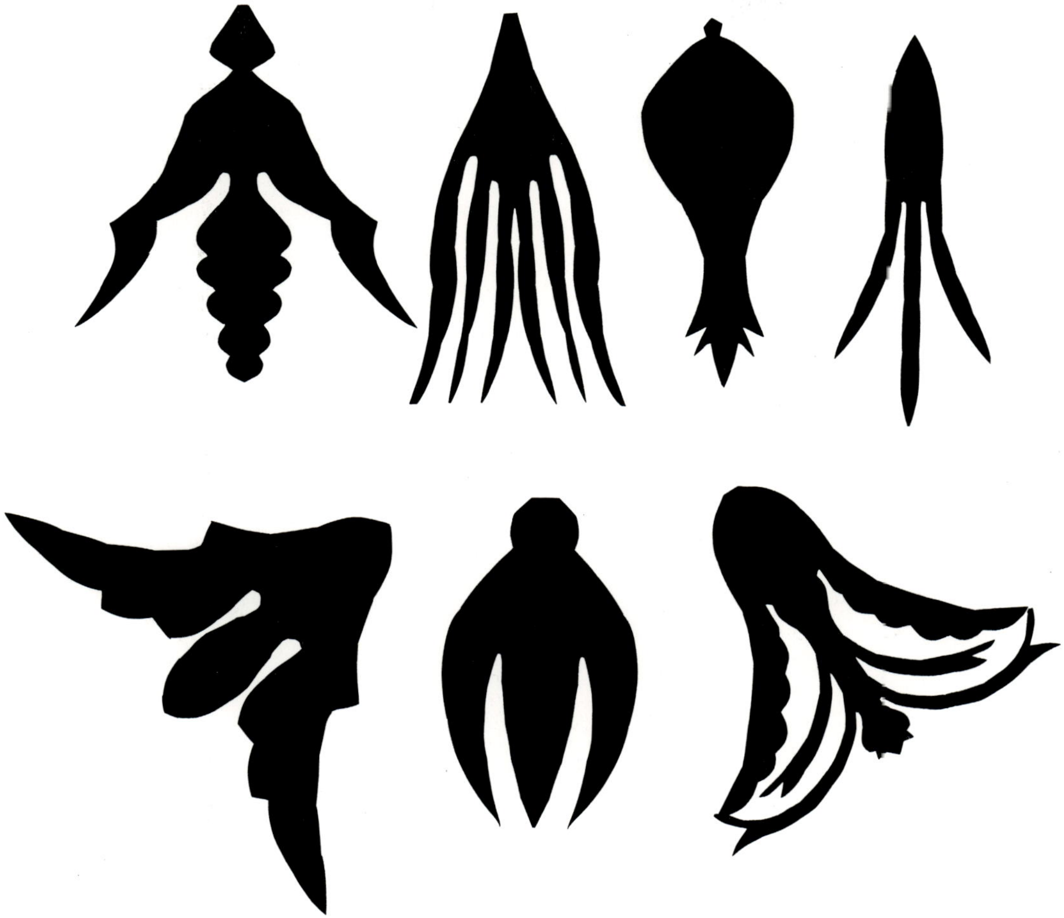

Aus dem Oval entwickelt

Anregungen

„Wer Augen hat, zu sehen, der sehe...“

Ehe Sie sich an die „Arbeit“ machen, ist es gut, wenn Sie sich ein bißchen mit dem Formenreichtum beschäftigen, aus dem Sie nachher schöpfen können.
Vorbilder und Anregungen gibt es viele und zu jeder Zeit.
Schon durch das Schauen und Suchen, durch das In-uns-Aufnehmen und das Sich-Freuen an den anregenden Entdeckungen erweitert sich unser Blickfeld, und so wird jeder Spaziergang, jede Reise, eine Begegnung mit anderen, der Besuch von Ausstellungen, ja sogar der Blick ins Schaufenster zu einem intensiveren Erlebnis.
Ist nicht jede Blüte, jedes Blatt, ein Blütendetail wie Stempel oder Staubgefäß, eine Knospe, eine Blattrosette, sind nicht stachelige Zweige, Früchte oder Ranken, die in ihrer Klarheit und Linienführung ohne Farben auskommen können, inspirierende Formen?
Mörike konnte täglich nach dem dunklen Umriß des Turmhahns auf dem Kirchturm von Cleversulzbach schauen – erfreuen wir uns doch auch einmal daran, Wetterfahnen, Dachreiter oder eine alte Fernsehantenne auf den Dächern zu entdecken!
Die Dämmerung kann dem phantasievollen Erschauen sehr förderlich sein. Wer erinnert sich dabei nicht auch an den grausigen Erlkönig: „Mein Sohn, mein Sohn, ich seh' es genau, es scheinen die alten Weiden so grau...“ – und doch sind diese gespenstischen Weidenstümpfe mit ihren ausladenden Ästen wunderschön.
Wie lebendig kann eine Stadtsilhouette mit spitzen Türmen, Giebeln und Kuppeln sich gegen den Abendhimmel abheben, welche geschmackvollen Kunstschmiedearbeiten lassen sich finden auf Friedhöfen, als Fenstergitter und Wirtshausschilder, auch Laternen haben oft dekorative Reize.
Technische Dinge sind manchmal so interessant gestaltet, daß wir davon ebenfalls Ideen schöpfen können: der berühmte Eiffelturm zum Beispiel,

aber auch Baugerüste, Krane, Schornsteine mit Leitern oder lustig emporkletternde Wendeltreppen – manches Fabrikgebiet sieht in seiner Silhouette interessant aus.
Viele Anregungen kann man schon vorgefertigten Beispielen entnehmen: Stickereien, Motiven an Bauernhäusern und -möbeln, Stoffdrucken, Geschenkpapieren, Backmodeln, Kirchengestühl, Schmuck und anderem mehr.
Da heißt es schauen, schauen, schauen...
Am besten legt man sich ein Heft an, in dem man das Erworbene systematisch sammelt: Blätter, Blüten, Bäume, Ornamente, Menschen, Tiere, usw.

Das Aufpausen

Manchmal ist ein Entwurf geglückt und man hätte ihn gerne genauso auf das Scherenschnittpapier übertragen. Vielleicht wollen Sie auch einmal aus einer anderen Quelle schöpfen: ein Familienwappen, eine Form, die Sie selbst zeichnerisch nicht so bewältigen können, oder etwas, was die Kinder gezeichnet haben und was dann geschnitten werden soll. In solchen Fällen muß aufgepaust werden.

Das geht auch in unserem Fall am besten mit der üblichen Kohlepapier-Methode (oder auf beidseitig dunklem Papier mit weißem Pauspapier), aber beim Schneiden muß man doch damit rechnen, daß die Linien etwas verwischen und mit Bleistift nachkorrigiert werden müssen.
Zum Aufpausen sollten Sie eine glatte, nicht zu weiche Unterlage benützen, damit das Papier beim Aufdrücken nicht durchbricht. Verwenden Sie einen gut gespitzten Bleistift, keinen Kugelschreiber.
Bei größeren Flächen, die sich verschieben können, läßt man einen breiteren Rand stehen und klebt die Arbeit mit Tesafilm an der Unterlage fest. Der Tesafilm darf aber nicht in das Gezeichnete hineinreichen, denn das Wegreißen beschädigt meistens das Papier.

Das Ausschneiden

Der erste Moment des Schneidens ist schon eine kleine Mutprobe – aber denken Sie immer daran, daß ja gar nichts davon abhängt. Wenn es anfangs einmal schief gehen sollte, ist kein Bein gebrochen und kein teurer Stoff zerschnitten – nur ein Stückchen Papier muß ersetzt werden und Ihr Entwurf, aber den können Sie sicher gut wiederverwenden.
Setzen Sie sich gemütlich an einen schönen, hellen Platz, am besten mit einer großen weißen Stoffserviette auf dem Schoß, in der Sie die kleinen Schnipselchen abfangen können und durch die Sie zugleich eine hell reflektierende Fläche haben, die Beine vielleicht noch auf einem Schemelchen – so arbeitet sich's gut.
Beim Ausschneiden geht man wie beim Zeichnen vor: vom Gröberen zur Feinarbeit. Bei einem Blatt zum Beispiel schneiden Sie zuerst die Grundform und danach dem Rand entlang die Zäckchen. Letzteres kann man nach einiger Übung sogar ohne Vorzeichnen.
Faltschnitte beginnen Sie am einfachsten von der Achse aus, so verschiebt sich das Papier nicht. Bei Glanzpapier ist aber trotzdem besondere Sorgfalt notwendig, denn dieses haftet nicht aufeinander.
Um zwischen den Formen zu schneiden, stechen Sie zunächst ein kleines Loch (kann mit einer Nadel vorgestochen werden), das Sie erweitern, damit die Schere Bewegungsraum hat.
Benutzen Sie beim Einstechen der Schere den Zeigefinger der anderen Hand als Gegendruck, so können Sie besser „dosieren".
Schneiden Sie so, daß die gezeichneten Striche stehen bleiben – wegnehmen und nachkorrigieren kann man immer noch, wenn man den Eindruck hat, daß die Form feiner sein dürfte.

Noch ein kleiner praktischer Hinweis:
Fällt Ihnen der Scherenschnitt aus der Hand, lassen Sie ihn bitte fallen! In der Regel passiert dann nämlich gar nichts, denn der Scherenschnitt ist nicht so „zerbrechlich“, wie er aussieht. Sie machen die Arbeit viel eher kaputt, wenn Sie erschreckt versuchen, danach zu greifen.

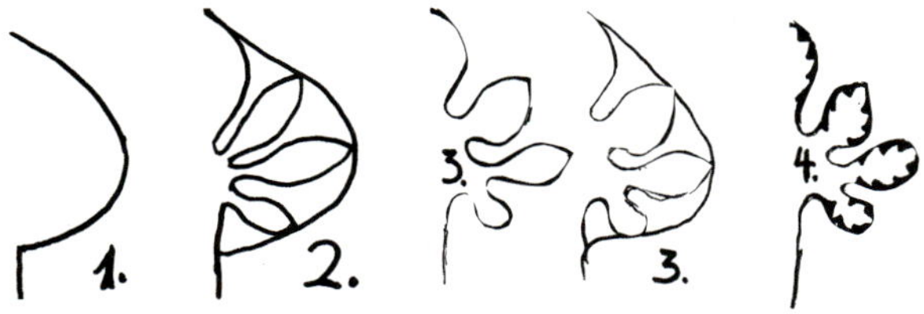

Spiegelbildliche Texte

Zur Sammlung der Motive gehören auch Buchstaben und Zahlen, und zwar seitenverkehrt, da ja immer auf der Rückseite des Papiers aufgezeichnet wird.
Damit Sie sich nicht jedesmal aufs neue Gedanken machen müssen, stellen Sie sich am besten von vorneherein die häufig benötigten Schriftzeichen in Spiegelschrift zusammen.
Die gewünschten Zahlen, Buchstaben, Texte oder Figuren zeichne ich auf weißes Papier (z.B. Schreibmaschinenpapier), das ich dann gegen die Fensterscheibe presse und mit Tesafilm befestige, so daß das Geschriebene oder Gezeichnete auf dem Glas aufliegt. Dieses scheint dann so deutlich durch das Papier, daß ich es gut nachfahren kann und so die spiegelverkehrte Linienführung herstelle, die ich mittels eines Pauspapiers auf das Scherenschnittpapier übertrage.
Sie können die Schrift auch auf ein Seiden- oder Butterbrotpapier schreiben, das ist so durchscheinend, daß die Buchstaben beim Umdrehen des Papiers auf der Rückseite zu erkennen sind und abgepaust werden können.
Achten Sie darauf, daß Sie auch den Gesamttext oder die Zahlen spiegelverkehrt anordnen.

A B C D E F G H I

J K L M N O P Q

R S T U V W X Y Z

Innenschnitte

Manchmal erscheint der Schattenriß zu düster und man möchte ihn durch Unterbrechungen ein bißchen lebendiger gestalten.
Machen Sie von solchen Innenschnitten sparsam Gebrauch und schneiden Sie nicht willkürliche Linien oder Flecken aus, nur damit aufgehellt wird, das wirkt sehr unruhig.

Ausgesparte Formen müssen einer Vorstellung folgen, die sinnvoll auf das Objekt bezogen ist, z.B. Staubgefäße, Ranken usw. bei Blüten, Ornamente bei Kleidern usw.

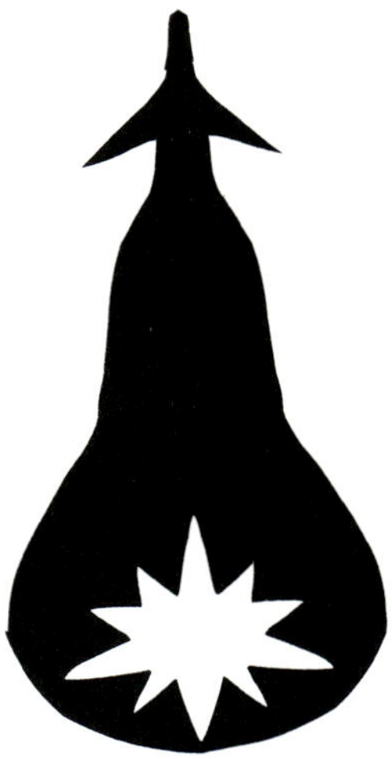

Das Aufkleben

1. Bei gummiertem Papier

Wählen Sie als Untergrund kein zu dünnes Material. Auf dünnes Papier läßt sich der Scherenschnitt nicht so gut aufkleben, außerdem wellt es sich leicht. Bei Servietten läßt sich das allerdings kaum vermeiden, die muß man eben besonders gut und etwas länger beschweren.
Bei kleinen Schnitten markieren Sie sich am besten mit Bleistift einen Anhaltspunkt auf die zu beklebende Fläche: eine Mittellinie, eine Querlinie oder einige Eckpunkte. Feuchten Sie dann den Scherenschnitt mit einem nassen Läppchen an und legen ihn rasch auf die vorgegebene Stelle. Drükken Sie ihn mit einer kleinen Pappe fest (Vorsicht, nicht schieben) und legen das Ganze dann einige Minuten unter ein schweres Buch. Fertig!
Größere Arbeiten aufzukleben erfordert ein anderes Vorgehen. Nach meiner Erfahrung ist es am sichersten, wenn der Scherenschnitt „passiv" bleibt. Dabei gehe ich folgendermaßen vor:
Ich schneide ein Hilfspapier zurecht, das dieselbe Größe und Form hat wie dasjenige, auf welches mein kleines Kunstwerk kommen soll. Bei Briefdoppelkarten z. B. ist das ja sehr einfach, da besteht die Gegenseite schon. Nun lege ich den Scherenschnitt auf diesem zugerichteten Papier „aufs Gesicht", und zwar genau so, wie ich ihn nachher auf dem fertigen Gegenstand haben möchte. Rasch wird jetzt der Untergrund angefeuchtet, auf dem der Scherenschnitt nachher kleben muß und dieser Untergrund wird auf den zurechtgelegten Scherenschnitt geklappt, fest angedrückt und beschwert. Bei dieser Aufklebemethode darf man nicht allzu ungeduldig mit dem „Enthüllen" sein, denn hier muß mehr Feuchtigkeit verdunsten, und wenn man zu früh aufdeckt, kann der Grund leicht „runzeln". Am besten wenden Sie sich nach dem Aufkleben einer anderen Tätigkeit zu oder Sie trinken gemütlich ein Täßchen Kaffee oder Tee, um eine allzu große Neugierde im Zaum zu halten.

Es ist immer wieder ein beglückender Moment, nach einiger Zeit die Arbeit zu lüften!

2. Bei ungummiertem Papier

Wie schon erwähnt, ist das Aufkleben eines Scherenschnittes aus ungummiertem Papier eine Tätigkeit, die etwas Geduld erfordert, vor allem, wenn es sich um größere und sehr fein geschnittene Arbeiten handelt. Auch deshalb empfiehlt es sich, anfangs keine allzu umfangreichen Werke gestalten zu wollen. Muten Sie sich nur zu, woran Sie nicht so schnell erliegen.
In den meisten Fällen ist es gar nicht nötig, daß alle Teile bis ins Letzte fest aufgeklebt sind. Es genügt, wenn markante Punkte und größere Flächen haften. Allerdings sollten zum Beispiel abstehende Ranken und ähnliche zarte Gebilde noch nachträglich befestigt werden, damit sie nicht abreißen. Die Zwischenteile des Scherenschnitts können schon etwas lose liegen, vor allem dann, wenn er vielleicht gerahmt oder mit Klarsichtfolie überzogen wird.
Legen Sie die Arbeit so auf den Untergrund, wie Sie sie nachher fixiert haben möchten. Mit einem spitzen Bleistift markieren Sie sich ein paar wesentliche Punkte, an die Sie nachher den mit Klebstoff versehenen Schnitt anlegen können. Danach legen Sie die Arbeit mit der Rückseite nach oben auf ein Papier, bestreichen Sie die wichtigen Stellen am besten mit einem feinen Pinsel mit Flüssigklebstoff oder Tapetenkleister und bringen dann den Scherenschnitt auf die zu beklebende Unterlage. Dabei kommt es Ihnen besonders zustatten, wenn die einzelnen Umrißformen häufig miteinander verbunden sind, denn so verschiebt sich das Ganze nicht so leicht. Teile, die jetzt noch lose sind und von denen Sie glauben, daß Sie sie nachkleben müssen, können Sie nach dem Befestigen anheben und Stück für Stück nachbefestigen. Dabei gehe ich so vor, daß ich einen kleinen Schnipsel Papier nehme, auf diesen den Klebstoff gebe und damit unter die zu fixierende Form fahre. Da das Papierstück flacher als jeder Pinsel ist, ist dieses Verfahren handlicher.

Bevor Sie den mit Klebstoff festgefügten Scherenschnitt pressen, müssen Sie noch einmal kontrollieren, ob nirgends etwas daneben gequollen ist, sonst klebt Ihnen dieses an der Preßauflage fest. Tapetenkleister hat hierbei den Vorzug, daß er sich leicht mit einem feuchten Läppchen (oder nur mit dem feuchten Finger) entfernen läßt. Beim anderen Klebstoff läßt sich ein kleiner Rückstand nicht vermeiden, wenn Sie ungenau gearbeitet haben. Daher bitte äußerst sparsam auftragen!
Man kann übrigens auch hier in der umgekehrten Weise vorgehen, indem man auf den mit Klebstoff versehenen Schnitt die Unterlage klappt und dann beschwert, jedoch empfehle ich in diesem Falle diese Methode nicht so sehr, aber da müssen Sie im Laufe der Zeit herausfinden, was Ihnen am ehesten zusagt.

CAFE

Tips und Tricks

Beziehen mit selbstklebender Klarsichtfolie

Gegenstände, die voraussichtlich öfter benützt werden, bezieht man sinnvollerweise mit schützender Klarsichtfolie.
Dabei ist zu beachten, daß die Folie die ungünstige Eigenschaft hat, sich zu den Gegenständen hingezogen zu fühlen, sobald der Abstand zu diesen gering ist. Es empfiehlt sich daher, so vorzugehen, daß man nicht die Folie zum Gegenstand führt, sondern die in Größe und Form vorbereitete Folie mit der klebenden Seite nach oben auf den Tisch legt und darauf das zu beklebende Teil legt.
Dieses Verfahren hat auch den Vorteil, daß noch nachkorrigiert werden kann, falls sich die Richtung etwas verschoben hat. Man muß nur vorher genügend Spielraum an den Außenkanten lassen.
Bei geraden Kanten ist das Umschlagen der Ränder kein Problem; aber auch Rundungen machen keine Schwierigkeiten, wenn Sie die überstehenden Teile richtig einschneiden. Dabei ist es zweckmäßig, dies vor dem Abziehen des stabilen Schutzpapieres zu machen, es schneidet sich dann besser. In diesem Fall muß allerdings die Form exakt vorbereitet und das Sujet genau aufgelegt werden.

Abfälle gibt es nicht

Das Scherenschneiden hat einen ganz großen Vorteil: Dieses Hobby ist nicht teuer!
Es läßt sich jedes noch so kleine Papierstückchen verwerten, und Sie können sogar die abgeschnittenen Schnipselchen dekorativ anordnen. Da kommen die interessantesten Überraschungen heraus, und Sie werden selbst erstaunt sein, welch „modernes Werk“ Sie da geschaffen haben.
Ich stelle beim Schneiden immer ein kleines Kästchen neben mich, in dem ich die ausgeschnittenen Fetzchen sammle. Es ist reizvoll wie ein Puzzlespiel, nach einiger Zeit von diesen Restchen ein Bild zu gestalten.
Dabei denke ich an den schwäbischen Arzt und Dichter Justinus Kerner – ein Zeitgenosse Ludwig Uhlands –, der sich den Spaß machte, Tintenkleckse (auch bewußt produzierte) durch das Zusammenklappen des Papiers zu verdoppeln und die entstandenen Formen sinnvoll zu interpretieren. Er nannte dieses harmlose Vergnügen „Klecksographie“.
An ein hübsches Gebilde, einen „Schmetterling“, erinnere ich mich besonders gern, vor allem auch wegen des dazu gehörenden Vierzeilers, den man sinngemäß auch auf Abfallstückchen des Scherenschnittes übertragen könnte:

„Aus Tintenklecksen, ganz gering,
entstand der schöne Schmetterling.
Zu solcher Wandlung ich empfehle
Gott meine fleckenreiche Seele.“

GEL

Man muß sich nur zu helfen wissen!

Wer musiziert, der weiß es: einfach unbeirrt weitermachen, wenn einmal etwas nicht ganz planmäßig läuft. Irgendwie kriegt man die Situation wieder in den Griff – und Außenstehende haben oft nicht bemerkt, daß es gar nicht so sein sollte.
So ist das beim Scherenschnitt auch. Passiert es etwa, daß man beim Faltschnitt die zwei Teile aus Versehen trennt oder sogar die Achse nicht beachtet hat, ist dies noch lange kein Malheur. Durch ein vermittelndes Zusatzteil arrangieren wir die Sache so, als wäre es gewollt und haben sogar noch mehrere Variationsmöglichkeiten!
Bei der Dekoration eines Schächtelchens für meine Enkeltochter Janine hatte ich aus Versehen das „J" nicht spiegelverkehrt aufgezeichnet.
Kurzerhand schnitt ich die beiden ersten Buchstaben weg, änderte die Formen noch etwas, ergänzte die beiden Anfangsbuchstaben in Schwarz – und erzielte damit einen ganz neuen Effekt.
Dabei ist auf einen optischen Gesichtspunkt hinzuweisen, der unter Umständen in solchen Fällen berücksichtigt werden muß:
Schwarze Formen auf weißem Grund erscheinen kleiner als weiße Formen auf schwarzem Untergrund.

Anwendungen des Scherenschnitts

Initialen

Für die Gestaltung eines hübsch geschriebenen Gedichts, eines Briefes oder für Namenszüge auf Karten, Tischkarten usw. eignen sich Initialen, die dem Geschriebenen eine besondere Note geben, sehr gut.

Man kann dabei den Grund mit Goldstift ausfüllen, wenn es ein bißchen festlich aussehen soll. Natürlich können Sie auch mit anderen Farben eine Abwechslung schaffen.

Initialen sind besonders wirkungsvoll im Negativ-Weißschnitt, bei dem die schwarze Grundfläche optisch einen guten Halt gibt. Beachten muß man zwei Dinge:

1. Weiße Flächen wirken auf dunklem Grund größer, als sie eigentlich sind – daher sparsam herausholen!
2. Kreise, Ovalformen oder Sterne lassen sich als lineare Form nur ausschneiden, wenn man sie irgendwo unterbricht und dadurch eine Verbindung zum Gesamten bestehen bleibt, sonst fällt die Form heraus und Sie haben ein Loch.

Reklame im Schlafzimmer?

Bei den vielen hübsch geformten Fläschchen und Döschen auf dem Schminktisch stören mich häufig die Aufdrucke, die mich gar nicht interessieren und die meinem Schminkeckchen den Anstrich eines Drogerieregals verleihen.

Dem kann man abhelfen.

Die meisten Aufschriften lassen sich mit Scheuerpulver entfernen, und wenn nicht, kann man ein Untergrundpapier aufkleben und dann die Behältnisse mit hübschen Scherenschnitten gestalten.

Auch als kleine persönliche Geschenke wirken diese Dinge freundlicher, wenn sie liebevoll verziert sind.

Kuchenschablonen

Ein originelles Geschenk ist ein selbstgebackener Kuchen, den Sie passend zum Anlaß oder mit Bezug auf den Beschenkten ganz individuell gestalten können.
Auch zur Gestaltung der eigenen Familienfeste machen schön verzierte größere oder kleinere Torten und Törtchen allen Gästen Freude und der Hausfrau Ehre!
Die Herstellung der Schablone ist nicht schwer:
Aus Konzeptpapier fertigt man einen sehr einfachen Schnitt, den man auf kräftiges, eventuell sogar abwaschbares Material (zum Beispiel eine Klarsichthülle) aufklebt und nachschneidet.
Die fertige Form wird auf die Torte gelegt und durch ein feines Teesieb entweder mit Puderzucker oder Kakao bestäubt.
Auch Puddings, Cremes usw. können auf diese Weise verschönert werden. Da man hier meist schon Tellerportionen hat, lassen sich die kleinen Schälchen mit einfachen Formen schmücken, und jeder Gast kann individuell bedacht werden.
Beim Aufstäuben decken Sie den Rand am besten mit einem vorher zurechtgeschnittenen Pappring ab, damit das Gefäß sauber bleibt.

FENSTERBILD

Fensterbilder

Das Fenster ist die Verbindung nach draußen. Wir können Schönes und Tristes sehen, den Wechsel der Jahreszeiten und des Wetters, kurzum, alles, was draußen vor sich geht, erleben wir aus dem schützenden, gemütlichen Raum mit. Wenn wir durch Alter oder Krankheit ans Haus gebunden sind, wird diese Verbindung besonders wichtig.
Aber das Fenster lenkt auch den Blick von außen nach innen: wer auf der Straße vorbeigeht, erfreut sich daran, wenn wir unsere Fenster hübsch und freundlich geschmückt haben, mit Blumen, Gläsern, Keramiken, Plastiken und – mit Fensterbildern. Es dürfen ruhig einige der aufgezählten Dinge zusammenwirken, geschmackvoll aufeinander abgestimmt, schaffen sie eine angenehme Atmosphäre, sowohl von innen als auch für den Betrachter im Freien.
Gerade im Faltschnittverfahren lassen sich leicht nette und ansprechende Verzierungen herstellen.
Für bunte Fensterbilder nehmen Sie die durchgefärbten Fotokartons. Wenn Sie mit einem kleineren Bildchen zurechtkommen, sind bunte Briefkarten, die es in wunderschönen Farben gibt, zu empfehlen.
Am wirkungsvollsten sind schwarze Grundformen, die man mit farbigem Transparentpapier hinterlegt. Wer das besonders sauber und exakt machen möchte, schneidet die Form doppelt aus und klebt das Buntpapier dazwischen. In diesem Fall kann man auch einen dünneren Karton wählen.
Die Motive bei Fensterbildern dürfen großzügig und beinahe „grob“, also in kräftigen Formen entworfen sein, weil das Ganze einen Halt braucht, damit es sich zum Beispiel bei Sonneneinwirkung nicht wirft. Außerdem sieht man Fensterbilder meist aus einer gewissen Entfernung, so daß Feinheiten gar nicht zur Geltung kommen.
Das Aufzeichnen geschieht bei schwarzem Papier mit einem weißen Stift; den ich immer wieder ins Wasser eintauche, weil er dann deutlicher malt. Allerdings muß man ihn bei diesem Verfahren sehr oft nachspitzen, er

nützt sich rasch ab. Es gibt auch weißes Pauspapier (Bürohandlung, Papiergeschäft).
In beiden Fällen empfiehlt es sich, mittels einer Schablone zu arbeiten. Diese fertigen Sie sich aus einem kräftigen Papier (zum Beispiel ein alter Briefumschlag), legen sie dann in der gewünschten Richtung (Spiegelbild) auf, wenn Sie einen einseitigen Schnitt haben und umfahren die Konturen. (Beim Faltschnitt spielt die Richtung ja keine Rolle).
Das Umranden der Formen verbreitert diese; Sie können dann noch einmal nachzeichnen oder gleich beim Schneiden etwas innerhalb der vorgegebenen Linien bleiben. Ein bißchen nachkorrigieren kann man ja jederzeit.

Die Schablone hat den Vorzug, daß Sie mehrere Bildchen machen können, die Sie dann farblich verschieden abstimmen – oder als Geschenkchen vervielfältigen.

Wenn Sie die Fensterbilder aus doppeltem Papier fertigen, können Sie gleich den Aufhängefaden dazwischenkleben, andernfalls stechen Sie diesen mit einer Nadel ein.

Das farbenfrohe, durchscheinende Papier stimmt man auf die Motive ab; es kann auch überlagert werden, dabei entstehen dann neue Farbnuancen.

Ideen, Ideen, Ideen

Es gibt so unglaublich viele Dinge, die Sie mit Scherenschnitten gestalten und verzieren können, die Phantasie braucht sich hier wirklich keine Grenzen zu setzen.
Ich habe Ihnen einmal beliebig erweiterbare Listen zusammengestellt – vielleicht wollen Sie die eine oder andere Idee aufgreifen.

1. Der schön gedeckte Tisch:
Servietten, Tischkarten (auch etwa als Schächtelchen mit süßem Inhalt), Kerzenhalter, Teelichter mit Sternzierde, Kerzen, Sets, Torten- und Tassendeckchen, Eierbecher, Osterstrauß mit Ostereiern, Untersetzer für Gläser und Flaschen, Behältnis für Tischabfälle, Zündholzschachtel für Raucher, Serviettenringe, Menükarte, und, und, und...

2. Geschenke:
Bücherstützen, Zettelkasten, Spardose, Spanschachtel, Adreßbüchlein, Telefonbüchlein, Geburtstagskalender, Jahreskalender, Notizbock, Dose für Schreibzeug, Spiegel, Schultüte, Papierkorb aus Waschmitteltonne, Aktenordner, und, und, und...

3. Verschiedenes:
Geschenkverpackungen, Anhänger, Dekoration, Glückwunsch- und andere Karten, Briefpapier, Laternen und Lampenschirme. Visitenkarten und Ex libris, Küchenschildchen, Kochrezeptblätter, Einladungen (lassen sich auch gut fotokopieren), Weihnachtsschmuck, und, und, und...

Sie können die Scherenschnitt-Technik auch auf andere Bastelbereiche übertragen und damit zum Beispiel Entwürfe für Laubsägearbeiten, Stickereien, Applikationen und anderes mehr fertigen. Sie sehen: wenn einen das Scherenschnittfieber erst einmal gepackt hat, gibt es kein Halten mehr!

Biographische Daten

1925 in Gochsen, Kreis Heilbronn, geboren
1931 Umzug nach Schorndorf im Remstal (Nähe Stuttgart), dort Einschulung
1943 „Reichssiegerin“ im Mal- und Zeichenwettbewerb der „Deutschen Jugend“
1944 Abitur in Bad Cannstatt
Sanitätsdienst und Gefangenschaft bis Sommer 1945
Ausbildung und Studium
1949 2. Preis bei einem amerikanischen Gestaltungswettbewerb
1951 – 1961
Berufsschullehrerin in Heidenheim, Schorndorf und Stuttgart (Meisterschule)
1982 Umzug nach Petersberg bei Fulda
verheiratet, drei Kinder
verschiedenartige gestalterische Tätigkeit, meist auf privater Basis